宇宙真的在"果壳"里吗

四季科普编委会 编

中原出版传媒集团
中原传媒股份公司

河南电子音像出版社
·郑州·

图书在版编目（CIP）数据

宇宙真的在"果壳"里吗 / 四季科普编委会编. --郑州：河南电子音像出版社，2025.6. --（呀！原来是这样）. -- ISBN 978-7-83009-518-5

Ⅰ．P159-49

中国国家版本馆 CIP 数据核字第 2025RW0534 号

宇宙真的在"果壳"里吗
四季科普编委会　编

| 出版人：张　煜 |
| 策划编辑：贾永权 |
| 责任编辑：刘会敏 |
| 责任校对：曹　璐 |
| 装帧设计：吕　冉　四季中天 |
| 出版发行：河南电子音像出版社 |
| 地　　址：郑州市郑东新区祥盛街 27 号 |
| 邮政编码：450016 |
| 电　　话：0371-53610176 |
| 网　　址：www.hndzyx.com |
| 经　　销：河南省新华书店 |
| 印　　刷：环球东方（北京）印务有限公司 |
| 开　　本：787 mm×960 mm　1/16 |
| 印　　张：7.5 |
| 字　　数：75 千字 |
| 版　　次：2025 年 6 月第 1 版 |
| 印　　次：2025 年 6 月第 1 次印刷 |
| 定　　价：38.00 元 |

版权所有，侵权必究。

若发现印装质量问题，请与印刷厂联系调换。
印厂地址：北京市丰台区南四环西路 188 号五区 7 号楼
邮政编码：100070　　　电话：010-63706888

目 录

宇宙没有那么深不可测 / 1

宇宙里的巨大家族是谁 / 6

宇宙里是不是有一条"河"呀 / 11

银河系有个好邻居,名叫河外星系 / 16

宇宙里会不会爆发"星球大战" / 22

偷偷告诉你,有关星空的小秘密 / 28

恒星是银河系"最懂事的孩子" / 35

为什么白矮星被称为"最老的爷爷" / 40

小行星是从哪儿来的呢 / 46

当心,长尾巴的彗星爱捣乱 / 53

太阳：任何生物都离不开它 / 59

水星：太阳系里的"小不点儿" / 66

金星：夜空里的耀眼明珠 / 72

地球：人类赖以生存的家园 / 77

火星：浑身上下火红火红的 / 83

木星：太阳系里最显眼的"巨人" / 90

土星：我其实就是个"大气团" / 96

天王星：长时间的极昼极夜 / 102

海王星：距离太阳最远的冰冷使者 / 108

宇宙没有那么 深不可测

夜幕降临，当你抬头仰望那片深邃的夜空时，映入眼帘的是什么呢？那浩瀚无边的宇宙，是否已点燃你心中无尽的遐想？宇宙是什么？它长什么样子呀？它存在多长时间了呢？怀揣着对宇宙的无限渴望与好奇，让我们一起走进那并非深不可测的宇宙吧！

宇宙是什么

"宇"指无限的空间,"宙"指无限的时间。宇宙是由时间、空间、物质和能量所构成的统一体。"宇宙"二字连用,最早可追溯至我国古代著名的思想家、哲学家、文学家庄子所著的《庄子·齐物论》,文中说"旁日月,挟宇宙,为其吻合"。

宇宙,作为一切物质及其存在形式的总和,它客观存在,不依赖于任何人的意志,且始终处于不断的运动与发展之中,在时间上无始无终,在空间上无边无际。

在这片浩瀚的宇宙中,星体千差万别,它们的大小、质量、密度、光度、温度、颜色、年龄和寿命都各具特色,各自闪耀着独特的光芒。每个天体都有自己独特的形成、发展和衰亡的历

史，它们共同为我们展现了一个既神秘又壮丽的宇宙画卷。

宇宙长什么样子呀

人类在认知的初期，曾误以为太阳系即是宇宙的尽头，随后又误以为银河系是宇宙的边界，然而，随着科学的进步，人类逐渐意识到宇宙远比银河系更为浩渺。有人猜测，宇宙或许是由某种超越人类智慧的生物精心设计的程序；还有人设想，宇宙是某个巨大生物体内的一个微小细胞，而我们正生活在其中。

科学家推测，宇宙是一个直径约为930亿光年的巨大圆球。这是根据各种科学方法测算得出的一个理论数据，至于宇宙之外还有多少未知的空间，至今仍是一个未解之谜。

简而言之，宇宙之大，无边无际，我们所在的世界仅是其中微不足道的一隅。随着天文望远镜的改进和观测技术的提高，宇宙的可观测范围日益扩大。

宇宙几岁了呀

根据目前最为主流的大爆炸宇宙论，宇宙诞生于约140亿年前的一次大爆炸。这次剧烈的大爆炸使得物质四散飞离，宇宙空间由此开始不断膨胀，逐步形成原子、原子核，并最终结合为气体。这些气体在引力作用下坍缩，逐渐形成星云，星云又进一步演化成各种各样的恒星和星系，最终形成我们现在所观测到的宇宙结构。

然而，经过科学家的精细计算，宇宙的实际年龄约为138.2亿岁，这一数字映射出宇宙那漫长而充满神秘色彩的演化过程。

人类观测宇宙的工具是什么

自古以来，人们对天文现象就十分好奇。直至400多年前，人们还只能通过肉眼观测宇宙，因视野范围有限，误认为地球是宇宙的中心。1543年，哥白尼通过观测和计算提出了日心说。1609年，伽利略制造了一架小型望远镜，其放大率为三十多倍，伽利略用这架望远镜观测到了月球陨石坑、太阳黑子、木星的4颗卫星等。由此，人们对宇宙的观测方式进入了望远镜时代。

此后，天文望远镜技术得到突飞猛进的发展。赫歇尔借助天文望远镜将观测范围扩展到太阳系之外，确认了银河系的存在。

哈勃通过天文望远镜发现的仙女座大星云其实是由大量恒星组成的，而且距离远远超出银河系的范围，证实了河外星系的存在。

2016年，我国在贵州建成了目前世界上最大的单口径射电望远镜。它帮助人类获取了更多的宇宙信息。

宇宙里的巨大家族是谁

宇宙"大爆炸"后,那些原本在"宇宙蛋"中的"宝宝"纷纷四散,有些在引力的作用下逐渐聚集,最终形成了宇宙中的巨大家族——星系。那么,我们能看到星系吗?星系会运动吗?星系有多少类型呀?带着这些疑问,让我们一起踏上探寻星系奥秘的旅程,揭开它们神秘的面纱吧!

什么是星系

晚上我们仰望星空时看到的那条璀璨的"天河",其实是由无数星星汇聚而成的。在天文学中,人们将这些由几亿颗至上万亿颗恒星以及星际物质所构成的庞大天体系统称作"星系"。其空间尺度为几千光年至几十万光年,无疑是宇宙中最为壮观、最为宏大的天体系统之一。

这些星系,犹如宇宙中的明珠,熠熠生辉,诉说着宇宙的奥秘与壮丽。

我们能看到星系吗

宇宙中的星系数量浩如烟海,但我们肉眼所能看到的恒星,却几乎全部属于银河系。为什么我们只能看到明亮的银河系呢?

其他星系距离我们太遥远了,它们的壮丽景象因距离遥远而变得模糊。即使借助望远镜,这些星系看起来也只像朦胧的云雾。它们在太空中并非均匀分布，而是集结成群，有的三五成群，有的则汇聚为千百个壮观的集群。它们如同宇宙中的珍珠项链，将无数星辰串联起来，构成了一幅幅壮丽的宇宙画卷。

星系会运动吗

小朋友，你知道吗？在星系的内部，所有的物质都在力的作用下运动着。就像我们的地球，作为太阳系八颗行星之一，它时刻不停地自转，也在围绕太阳公转。那作为恒星的太阳也在运动吗？是的，太阳也在运动，它不仅绕着银河系的中心旋转，还进行着自转。

不仅行星、恒星在做运动，连星系本身也在自转，同时整个星系也在宇宙空间中运动着。

星系有多少类型呀

人们通过各种各样的方式去观测星系，天文学

家根据星系形态把它们分为椭圆星系、旋涡星系、棒旋星系、透镜星系和不规则星系五类。此外还有不少特殊星系,包括星暴星系和活动星系。

　　椭圆星系的形状和鸡蛋相似。旋涡星系从中心伸展出一条条旋臂。棒旋星系和旋涡星系相似,但是在星系中心有一条密集的恒星带,我们的银河系就是一个巨大的棒旋星系。透镜星系就像是没有旋臂的旋涡星系。不规则星系和特殊星系没有特别明确的样子。

　　星系除了按形态分类外,也可以按照大小和活跃度进行分类。如小小的矮星系和神秘的活跃星系等,都以自己的形式存在于宇宙中。

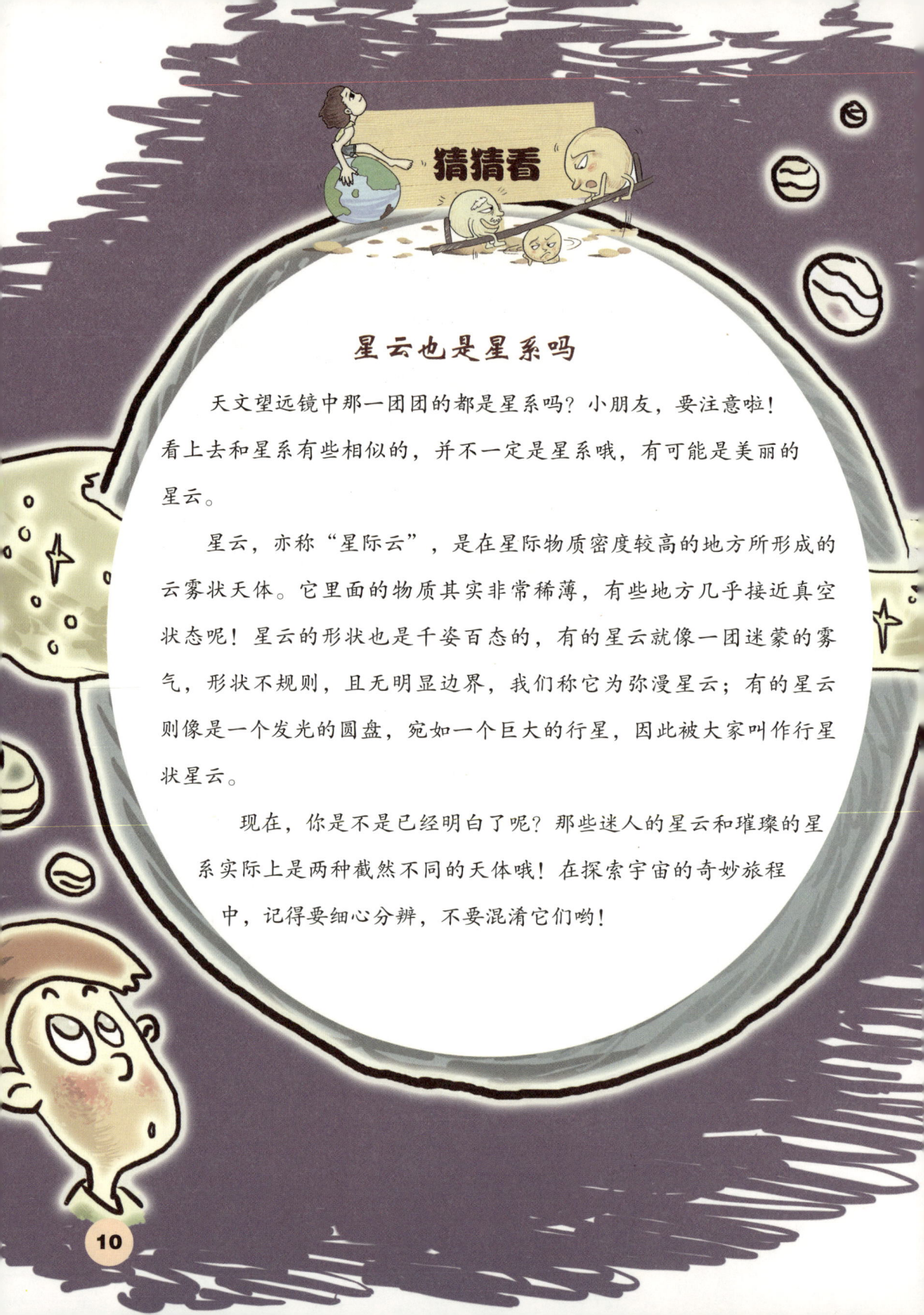

星云也是星系吗

天文望远镜中那一团团的都是星系吗？小朋友，要注意啦！看上去和星系有些相似的，并不一定是星系哦，有可能是美丽的星云。

星云，亦称"星际云"，是在星际物质密度较高的地方所形成的云雾状天体。它里面的物质其实非常稀薄，有些地方几乎接近真空状态呢！星云的形状也是千姿百态的，有的星云就像一团迷蒙的雾气，形状不规则，且无明显边界，我们称它为弥漫星云；有的星云则像是一个发光的圆盘，宛如一个巨大的行星，因此被大家叫作行星状星云。

现在，你是不是已经明白了呢？那些迷人的星云和璀璨的星系实际上是两种截然不同的天体哦！在探索宇宙的奇妙旅程中，记得要细心分辨，不要混淆它们哟！

宇宙里是不是有一条"河"呀

地球上有一条河,因其含沙量大,水色浊黄,所以人们都叫它黄河。宇宙里有一条"银河",是不是因为它的水是银色的,所以才叫这个名字呢?银河到底是不是一条河呢?想了解关于银河的故事吗?那就接着往下看吧!

银河到底是不是河

"日月之行,若出其中。星汉灿烂,若出其里。"这是古人对银河的礼赞。晴朗的夜晚,人们经常会看到天上有一条狭长闪光的带,像一条大河流过。古时候的中国人把它叫作"天河""银汉""星河""银潢"。随着科技的进步,人们知道了其实银河不是天上的河,它是由无数密集的小星聚集起来形成的。所谓小星,只是离地球太远看起来小,实际上有很多比太阳还要大。天文学家将太阳所在的星系命名为银河系,它是由恒星、恒星集团、星际物质以及暗物质聚集而成。

银河系长得和长丝带一样吗

从地球上看,银河就像是悬挂在天上的一条长长的河,那么,银河系的形状是不是像长丝带呢?当然不是。银河系的中心天体分布极其密集,形成了一个隆起的核球;而外围则是一个巨大的盘面,

其边缘区域的物质相对稀疏。因此,银河系呈扁平圆盘状。

银河系长啥样

银河系非常大,它的形状宛如铁饼,大多数恒星集中在这个"铁饼"的空间范围内。"铁饼"中间突出的部分叫"核球",核球的中部叫"银心"，核球四周的区域叫"银盘"。在银盘外面还有一个更大的球状区域，那里恒星少，密度小，被称为"银晕"。

银河系会动吗

银河系有自转运动，就像一个巨大的旋转"大圆盘"，但和我们平时看到的圆盘转动不太一样。一般圆盘转动时，圆盘上每个地方转得快慢几乎一样。而银河系在自转的时候，离中心距离不同的地方，转动的速度是不一样的。离银河系中心近的地方转得快，离其远的地方转得慢，这种"不一样快"的自转方式，就叫作较差自转。

小朋友，你知道吗？包括太阳在内，所有的银河系天体都在围绕着银河系中心旋转。因为银河系非常大，太阳系围绕着银河系中心转一周被称为一个银河年，一个银河年大约相当于地球上的2.5亿年呢！

1光年有多远

小朋友,记住了哦,"光年"虽然名字中有"年"字,但它并不是用来表示时间的,而是天文学中的长度单位。具体来说,1光年是指光在真空中1年内所走过的路程。

你知道光速有多快吗?它每秒约为30万千米。想象一下,如果光一直不停地走,那它在一年内能走多远呢?这个距离,我们就叫它1光年。经过计算,我们得知1光年大约是 9.4605×10^{15} 米,真的是个非常非常长的距离呢!现在,你应该对"光年"这个单位有更清晰的认识了吧!

银河系有个好邻居，名叫河外星系

俗话说"远亲不如近邻"，你有没有一个好邻居呢？我们居住的银河系可是有个好邻居呢，它叫河外星系！咦？名字怎么这么奇怪？那我们的邻居长什么样？呵呵，一起去看看吧！

什么是河外星系

在浩瀚的宇宙中,星系如繁星点点,而我们生活在一个平凡而又壮观的星系——银河系中。在天文学上,把除银河系外所有其他星系都叫作河外星系。

河外星系主要组成部分为恒星，还有星云、星际气体和尘埃。大多数河外星系由几十亿至上万亿颗恒星组成，但本星系群的几个小椭圆星系可能只包含几百万颗恒星。目前，观测所及的河外星系约数百亿个，肉眼可见只有仙女星系和大小麦哲伦云。

邻居星云变成了星系

初冬的夜晚，喜欢观测星空的人们常常能在仙女座区域用肉眼捕捉到一个模糊的斑点，人们把它叫作仙女座大星云。

从19世纪80年代起，天文学家在仙女座大星云里陆陆续续地发现了许多新星。这一现象促使科学家推断仙女座大星云不是一团普通的、被动地反射光线的尘埃气体云，而是由许许多多恒星构成的复杂系统，而且恒星的数目一定极大。这些新星最亮时的亮度与在银河系中看到的其他新星的亮度相当，由此推断，那些新星距我们十分遥远，超出了已知的银河系的范围。

20世纪20年代,美国天文学家哈勃借助当时世界上最大口径为2.5米的望远镜对仙女座大星云进行了精确观测,最终证明它确实位于银河系之外,是离地球较近的河外星系之一。

因此,仙女座大星云被重新命名为"仙女星系"。它的形状和结构与银河系相似,是北半球唯一肉眼可见的河外星系。

与地球长得最像的邻居是谁

  1519—1522 年，葡萄牙航海家麦哲伦率领船队完成人类首次环球航行，当船队行至赤道以南时，观测到两个独特的星系。为纪念这一发现，后人将其命名为"大麦哲伦星系"和"小麦哲伦星系"。这两个星系是地球在宇宙中的"近邻"，距离地球约十数万光年，且与银河系构成伴星系关系。它们的发现不仅见证了人类探索未知的勇气，更揭示了银河系在宇宙中的位置与结构，成为天文学史上连接航海探险与宇宙认知的重要里程碑。

太阳系的八大行星是指哪些行星

太阳系的八大行星是太阳系的主要成员，按距太阳的距离由近而远依次是：水星、金星、地球、火星、木星、土星、天王星和海王星。这些行星围绕着太阳不停地公转，同时也以各自的地轴为轴心自转。它们的公转轨道大多近似圆形，也接近同一水平面。

八大行星可以分成两大类：一类称为"类地行星"，其物理性质和天体特征与地球类似，有水星、金星和火星三颗。其内部由壳层、含镁和铁的硅酸盐幔、铁或铁镍核心构成。它们的密度大，体积小，卫星少或没有。另一类为"类木行星"，其物理性质和天体特征与木星类似，有土星、天王星和海王星三颗。它们的密度小，体积大，卫星多且都有行星环。

宇宙里会不会爆发"星球大战"

宇宙中有众多天体,它们都有自己的轨道。如果有一天这些天体突然不按轨道运行,而是相互吸引着撞到一起,会发生什么呢?光是想象这个场景就觉得好可怕呀!让我们一起去一探究竟吧!

星系为什么会相撞

星系碰撞并非一般意义上的碰撞，而是一种引力交互作用。星系碰撞在宇宙中相当普遍，也是星系演化的关键。但星系碰撞带来的不只有毁灭，还有新生。

宇宙中，每个星系都有自己的运行空间，但是它们在运行中因引力作用逐渐靠近时（这种引力主要由不可见的暗物质主导），强大的引力（尤其是潮汐力）相互作用会拉伸和扭曲星系结构，改变天体的运行轨道。

两个星系碰撞时，恒星之间直接碰撞的情况极为罕见，比较容易发生碰撞的是巨大的星际气体云。这些气体云在高速相撞时，会产生激波，压缩气体并使其温度飙升；高温气体通过辐射快速冷却，因失去支撑力，其密度进一步升高。当局部密度超过临界值时，引力不稳定性促使分子云坍缩，最终形成新恒星。

科学家的观测表明，几亿年前，车轮星系曾经遭遇过较小星系的撞击。在那次碰撞中，星系内的气体被压缩，从而更加密集，促进了恒星的爆发式形成。

银河系会被撞吗

在银河系的附近，有两个较大的星系，其中最大的一个是仙女星系。仙女星系正在向银河系迎面撞来，天文学家推测二者预计将在30亿—40亿年后发生碰撞。但两个星系中的恒星因间距极大，几

乎不会直接发生碰撞。届时，太阳已接近其生命末期（约 50 亿年后将耗尽核心氢燃料）。碰撞的主要效应是引力扰动导致星系结构重塑，并可能引发气体云的坍缩和新恒星的诞生。

碰撞后人类会灭绝吗

如果银河系和其他星系发生碰撞，人类或许仍然存在，只不过人们所看到的天空景象与我们现在看到的不同。不过，人类也可能无法亲历这一戏剧性场景，因为在此之前，太阳的膨胀会先将地球上几乎所有的水分都蒸发殆尽，那时地球可能不再适宜人类居住。

至于人类未来的命运，仍是未解之谜。或许我们会在宇宙深处寻得新的家园；又或许，人类将进化为新型人机生命体，驾驭着巨型宇宙飞船，在广袤无垠的星海中探索前行。

有不会被撞的星系吗

就目前的认知而言，我们很难找到一个百分之一百不会被撞的星系。

有些星系可能在很长一段时间内"独居"在空旷的宇宙中，没有明显的碰撞迹象，但很难保证它们永远不会与其他星系发生碰撞。随着时间的推移，其周围的引力环境也可能发生变化，导致它与其他星系靠近，这也进一步体现了宇宙中星系运行的动态性和复杂性。

仙女星系是什么样子

小朋友，你知道吗？仙女星系是距离银河系最近的大型星系，人们通过天文望远镜观测还发现它的形状和结构与银河系很像。

仙女星系是一个巨旋涡星系，它的光线穿越无垠的宇宙空间，历经漫长的旅程，才能抵达我们的地球。这意味着，当我们仰望星空，欣赏仙女星系那迷人的光芒时，那其实是它很久很久以前发出的光亮！

仙女星系的光线是由其内部无数颗恒星共同发出的。当我们观测仙女星系时，视野中出现的几颗格外明亮的星星实际上是银河系内的恒星。它们距离地球数千至数万光年，比仙女星系近得多，因此在图像中显得异常明亮。

偷偷告诉你，有关星空的小秘密

哇！天空中一闪一闪的小星星好可爱呀！人们常说天空是星星的家，那星空里有多少星星呀？为什么它们有的亮有的暗呢？为什么夏天看到的星星比冬天多？星星的小秘密真不少，让我们一起去揭开这些小秘密吧！

星空里有多少星星

夜晚,我们仰望星空,无数的"小眼睛"眨呀眨!这些调皮可爱的小星星引发了我们无限的遐想。小朋友,你知道天上有多少眨着眼的小星星吗?

其实,我们能用肉眼看到的星星总共也

不超过7000颗。由于人们站在地球上，抬头只能看见半个天空，约有一半的星星躲在地平线下，所以我们能够数出来的星星只有3000颗左右。

如果谈及整个宇宙中的星星，其数量巨大且无法确切统计。这不仅是因为宇宙边界尚未明确，还由于恒星在不断诞生与走向消亡，且人类受观测技术和可观测范围的限制。所以，小朋友，未来还有很多科学奥秘等待你去探索发现哦！

为什么夏天看到的星星比冬天多

地球不停地绕太阳转动。夏季,地球所处的方位使得夜空对准银河系的星星"大本营",银河就出现在我们头顶,这样我们就能看到很多的星星。冬天,夜空转向银河系星星稀少的"郊区",这时我们看到的星星较少。所以,夏天看到的星星就比冬天要多了。

为什么星星有的亮有的暗呢

小朋友,如果你细心观察就可以发现:星星都是不一样的。它们有的看起来十分明亮,有的却很暗淡;还有,有的大,有的小。这是为什么呢?

这可能有两个原因。第一是星星的发光能力有大有小,有的星星使劲儿发光也赶不上别的星星的亮度,我们只能看到暗暗的它啦!第二是星星和地球之间的距离有远有近,那些距离近、发光能力强的星星看上去很亮,而那些距离地球远、发光能力

弱的星星就显得暗淡啦!

为什么星星的颜色不一样呀

你用天文望远镜看无垠的星空时,心中会不会有诸多疑问:星星为何各自呈现着不同的色彩呢?有的呈现炽热的红色,有的呈现温暖的黄色,更有那深邃的蓝色,它们究竟隐藏着怎样的秘密呢?

星光的不同颜色,其实是由它们不同的温度决定的。星星表面的温度不同,发出光的颜色就不同。发蓝的星星表面温度最高,发红的星星表面温度最低,发黄和发白的星星温度居中。

星星白天在哪儿呀

小朋友可能有过这样的疑问：白天，星星都去哪儿啦？为什么白天看不见星星呢？

在白天，阳光经过大气散射，把天空照得十分明亮。阳光的亮度比星星可大多了，加上天空背景光的干扰，所以我们通常无法用肉眼看到星星。

如果没有大气，天空是黑洞洞的，即便阳光再亮，也能见到星星；如果白天发生日全食，把太阳的光遮住，我们也可以看到星星，而且它们的位置与晚上也没有什么区别。这样看来，星星白天并没有躲起来睡觉，只不过是被太阳的光芒掩盖啦！

星星为什么会眨眼呀

"一闪一闪亮晶晶,满天都是小星星。挂在天上放光明,好像许多小眼睛。"听到这首歌,小朋友可能会想:那些遥远的星星为何会呈现出"眨眼睛"的闪烁效果呢?

这就涉及地球上大气的神奇作用了!大气并不是静止不动的,热空气上升,冷空气下降,还有风在其中穿梭。我们抬头仰望星星时,视线要穿越层层多变的大气。大气中的气流、温度和密度的变化都会对星星的光线产生不同的折射效果。

这些折射效应有时会把星光汇聚起来,让星星显得格外明亮;有时又把星光分散开来,使星星变得暗淡。正因为这种折射现象的不断变化,我们看到的星星才忽明忽暗,就像无数小眼睛在夜空中眨呀眨。

恒星是银河系 "最懂事的孩子"

它是一个安安静静的孩子,默默地待在宇宙中;它又是一个很出色的孩子,能发光、发热,它就是恒星!恒星永远不动吗?恒星有多大呀?想知道答案吗?那就在接下来的内容中寻找吧!

恒星是永远不动吗

银河系中，存在着一些与太阳相似的星体，它们能够自主发光、发热，具有非常高的温度和亮度，这类天体被统称为恒星。太阳以外的恒星距离我们过于遥远，最近的也有 4.22 光年。因距离太远，即使在几十年间也很难发现它们在天空中的位置变化，所以古人认为它们是固定不动的星体，因此亲切地称它们为"恒星"，寓意"永恒不变的星"。

然而，亲爱的小朋友，千万不要被"恒星"这个名字所迷惑哦！这些恒星实际上也是在宇宙中不停地高速运动的。天文学将它们在天空中的移动称为"自行"。虽然恒星运动速度相当快，但是因为除了太阳之外的恒星距离我们极为遥远，即使它们疾驰而过，从地球上看也几乎像是静止不动。但假若我们跨越上万年的时光，再次观察这些恒星的位置，定会发现它们已经发生了明显的变化。

怎么根据亮度区分星星

天上的星星，有的明亮耀眼，有的则暗淡柔和。聪明的人类通过观察星星的亮度，巧妙地对它们进行了分类。在理想观测条件下，人类肉眼可直接看到的恒星，按亮度范围，传统上被划分为一至六等星：一等星最亮，六等星则是多数人肉眼可见的极限。

至今，我们已经确认了众多璀璨的一等星，它们在夜空中熠熠生辉，为我们带来了无尽的遐想。其中，最著名的当属天鹰座牛郎星，这颗明亮的星星犹如夜空中最耀眼的宝石，不仅为我们指引着方向，更承载着丰富的文化和传说。

恒星的大小

恒星有大有小，其直径从不足太阳直径的几万分之一到千倍以上。太阳的直径大约是地球的109倍，在我们看来，这已经相当庞大了，但在恒星的大家庭中，它仅仅算中等身材。

提到恒星中的大个头，就不得不提巨星了，它的直径可能是太阳的几十倍乃至几百倍。而超巨星更是壮观，特别是红超巨星，其庞大身躯超乎想象。即便如此，宇宙中仍可能存在更庞大的恒星。

然而恒星家族中也有精巧成员，如白矮星，其体积与地球相当。而比白矮星还要小巧的则是中子星，其密度远超地球所有物质，是已知密度最大的恒星。

为什么太阳这么热

太阳,作为银河系中的耀眼恒星,其炽热之源究竟何在?太阳实质上是一个炽热的气体球,表面有效温度约 6000 ℃,且温度随深度递增,中心高达 1.57×10^7 开。其能量源自内部的氢核聚变反应:在极端高温高压下,氢核聚变成氦核,并释放巨大能量。这些能量以辐射的方式从内部传递到表面,最终被发射至宇宙空间。太阳释放能量的规模惊人——相当于每秒引爆 1000 亿颗百万吨级原子弹。这样的太阳,无疑是宇宙中最为壮观、最为强大的能量源泉之一。

为什么白矮星
被称为"最老的爷爷"

随着时间的推移,低质量恒星在耗尽核燃料后,会抛射外层形成行星状星云,其核心坍缩为白矮星。那么,你知道人类发现的第一颗白矮星是哪一颗吗?为什么说白矮星是太空中的"大钻石"?带着这些疑问,让我们一同踏上探索白矮星的旅程吧!

闪白光的那个是白矮星吗

恒星的一生有很多变化，低质量恒星到了老年时期会逐渐衰亡，并发出白色的光，我们亲切地叫它"白矮星"。

白矮星是一种体积很小的恒星，但是它的质量却大得惊人！它那闪闪的白光仿佛在告诉我们：我可不是简单的"老恒星"哟！

恒星在燃烧过程中会形成一个主要由氦元素构成的恒星核。新星爆炸后，这个恒星核并不会飞

散，万有引力不断挤压恒星核上的原子，使其被压缩得越来越小。当引力与电子运动产生的抵抗力达到平衡状态时，一颗白矮星就诞生了！

　　这时候的白矮星温度还很高，会不断地向周围空间辐射能量。经过数十亿年，白矮星在把自己的能量都释放出去后，其温度会越来越低，颜色变得越来越暗，一直到变成一颗黑漆漆的"黑矮星"，这颗恒星辉煌的一生也就结束了！

谁是人类发现的第一颗白矮星

　　我们发现的第一颗白矮星是天狼伴星。刚发现它的时候,天文学家认为它就是一颗暗淡的恒星。但是随着观测技术的提高,天文学家发现它表面的温度很高,而且经过计算,其质量、密度非常大。

后来,人们才认识到天狼伴星也是已观测到的最亮的白矮星。

白矮星是太空中的"大钻石"吗

小朋友,你知道钻石是由什么构成的吗?它和我们用的铅笔芯一样,是由碳元素构成的。但它们的碳原子排列方式不同,所以才会一个亮晶晶的,一个黑乎乎的。也许你会奇怪,为什么会在这里提到钻石呢?

哈哈,告诉你吧!一些恒星在内部的核聚变反应中会产生碳元素;当这类恒星演化为白矮星后,碳元素可能在某些区域形成类似钻石的原子排列结构。因此,某些白矮星可以说是太空中的"大钻石"哦!

什么是万有引力

小朋友，你知道什么是万有引力吗？它是宇宙中两物体之间由于物体具有质量而产生的相互吸引力。

17世纪60年代的一天，牛顿正在树下安静地看书，突然一个苹果从树上掉了下来，砸到了他的头。他就想："咦，为什么苹果会往下掉，而不是往其他方向飞呢？"他思考了很久，做了很多实验，最后发现，原来地球对苹果有一个向下的拉力，这就是地球对苹果的引力。牛顿还发现，不只是地球对苹果有引力，任何两个物体之间都有这种相互吸引的力量。而且，这两个物体的质量越大，它们之间的引力就越大；它们之间的距离越远，引力就越小。

后来，人们发现，这种引力不仅仅存在于地球上，宇宙中的任何具有质量的物体之间都存在这种力。这就是万有引力啦！你明白了吗？

小行星是从哪儿来的呢

太阳系中除了八大行星外,还有许多我们肉眼看不到的小天体,它们像八大行星一样也沿着椭圆轨道绕着太阳公转。它们虽然很小,但我们可不能小看这些小行星哦!你知道它们有多大吗?它们是怎么形成的呢?小行星会不会撞上地球呀?让我们睁大眼睛,一起来看看小行星的世界吧!

小行星有多大

太阳系内像行星一样绕太阳运行,但是体积和质量比行星小得多的天体,称为小行星。其中绝大多数的小行星分布在火星与木星轨道之间,组成小行星带。

小行星不像八大行星那样有一个圆球状的身体:它们的形状很不规则,表面粗糙,质地疏松,就像一个个奇形怪状的大石头;在大小上,其差异极为显著,小的直径仅有几米,大的直径可达数百千米,但其中只有极少数大于100千米。

谷神星是最早被发现的小行星。1801年1月1日由意大利天文学家皮亚齐发现。其直径945千米,质量9.39×10^{20}克。虽然它的质量和直径均较大,且接近圆形,但它未能清空轨道附近的其他物体,因而在2006年第二十六届国际天文学联合会大会上被正名为矮行星成员。

小行星是怎么形成的

早期天文学家曾推测，小行星可能是火星和木星之间某颗行星破裂形成的。但进一步研究表明，小行星带总质量比月球还要小得多。现代理论认为，它们是太阳系形成初期残存的、未能凝聚成行星的物质。

这一现象与木星密切相关：太阳系形成时，木星质量快速增长，其强大引力扰动使小行星带物质无法稳定聚集，最终阻断了行星的形成。

小行星是一块完整的石头吗

在观测之初，人们认为小行星可能是一块完整的、单一的石头。但后来发现，某些小行星的密度比常见岩石低，表面布满撞击坑。探测器发现它们内部结构松散，像是碎石堆积而成。

得益于这种松散结构和相对较慢的自转速度，小行星受撞击时不易完全碎裂。因此，科学家普遍

认为,直径较大的小行星多为碎石堆积而成。

小行星会撞地球吗

近地小行星的轨道与地球轨道相交或接近,其中直径大于140米且与地球的交会距离小于0.05天文单位的称"潜在威胁天体"。到2015年8月,已发现1600多颗潜在威胁天体,但该数目还不到估计总数的三分之一。据研究,直径在40米以上的近地小行星总数约为30万颗。

这些小行星主要围绕太阳运行,它们的轨道易受木星等大行星强大引力的影响，可能导致轨道偏移，从而存在与地球发生碰撞的潜在风险。

历史上，小行星撞击地球的事件并不罕见，其中最为人熟知的可能就是公元前6500万年前的恐龙灭绝事件，科学家普遍认为这与小行星撞击有直接关联。

鉴于此类撞击事件的严重后果，人类已经建立了一套严密的监测系统，旨在对这些对地球有潜在威胁的天体进行持续的追踪与观察。

然而，尽管监测系统已经相当完善，但由于小行星数量庞大且运行轨迹复杂，仍有可能出现未被及时监测到的"漏网之鱼"。一个典型的例子是，曾有一颗小行星闯入地球大气层并发生爆炸，释放出巨大能量。这一事件再次提醒我们，即便是小行星，也可能对地球构成重大威胁，不容忽视。

怎么防止小行星撞地球

小行星与地球的潜在碰撞一直是天文领域备受

关注的重要议题。科学界为解决这一问题，已提出多种防御小行星撞击地球的方案。

第一，微调小行星的轨道。发射人造天体到太空去，将其调整至与小行星平行的位置，并利用其精密的机械推力装置，在相对静止状态下对小行星的轨道进行微调。

第二，通过增设推进装置改变小行星的轨道。给小行星放置太阳能帆板或者大型火箭发动机，这些装置能够逐渐将小行星推离其原有的轨道，从而降低与地球发生碰撞的风险。

第三，改变小行星的颜色。通过改变小行星的颜色来影响其吸收太阳光和热量的能力，通过热能的变化来逐渐改变小行星的轨道。

在防范小行星撞击地球的问题上，科学家仍在不断探索并提出新的方案。然而，截至目前，这些方案大多仍处于理论设想阶段，它们是否切实可行、可靠，还要靠将来的实践来检验。

什么是小行星带

小行星带是太阳系内介于火星和木星轨道之间的小行星密集区域。这个区域聚集了太阳系内绝大多数的小行星，因此也被称作主带。小行星之所以聚集在小行星带中，除太阳引力外，木星的引力起着很大的作用。

当心，长尾巴的彗星爱捣乱

天空中有一种拖着长尾巴的星星，人们管它叫"扫帚星"。在古代，人们认为它的出现代表着灾难，所以不喜欢这颗星。但它真的会给人类带来灾祸吗？为什么它有一条长尾巴呢？为什么它总是神出鬼没呢？它是怎么形成，又是怎么运行的呢？想知道关于它的秘密吗？那让我们一起去探索吧！

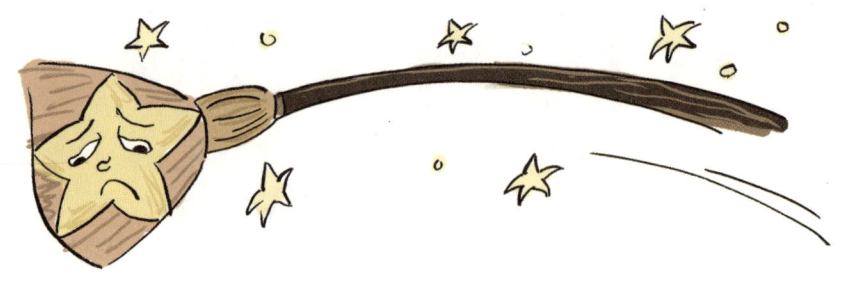

谁是"扫帚星"

拖着一条长长的尾巴、外貌奇特,似乎没有规律的运行路线;人们赞颂太阳、月亮和星星的时候,却把同是天体的它当成了厄运的征兆,总把"世界末日"、"宇宙威胁"、战争和灾难等一些不吉利的事情与它联系在一起,认为它的出现可能是上天对地球发出的警示信号。这个天体就是人们常说的"扫帚星",其实它的名字叫"彗星"。从现代科学角度看,古人将彗星与灾祸联系在一起的说法属于迷信观念。

彗星是怎么组成的

彗星是绕太阳运行的一种天体。其形状特别,远离太阳时,为发光的云雾状小斑点;接近太阳时,由彗核、彗发和彗尾组成。

彗核通常被认为是彗星中心的固体部分,彗核主要由岩石、尘埃和冰冻的气体组成。

彗核周围的云雾状光辉称"彗发",彗核和彗发总称"彗头"。彗头外围有氢原子云(简称"氢云"),范围有时可达10^7千米。

彗尾就是彗星那条长长的尾巴,由极稀薄的气体和尘埃组成,形状像扫帚,是彗星接近太阳时形成的,一般背朝太阳方向延伸出去。彗星体积非常

庞大，彗尾长达数千万千米甚至上亿千米；但质量很小，不到地球质量的十亿分之一。彗尾受到太阳照射后反射出光，就像一个大大的光带，非常美！

哈雷彗星是怎样被发现的呢

中国有哈雷彗星出现最早和最完整的历史记录。《春秋》记有：鲁文公十四年（公元前613年），"秋七月，有星孛入于北斗"。但英国天文学家哈雷第一个推算出这颗彗星的回归周期为76年，并成功地预言了它在1759年出现。为了纪念哈雷的贡献，这颗彗星被命名为"哈雷彗星"。

为什么彗星神出鬼没呢

彗星的运行轨道多为抛物线和双曲线，少数为椭圆。彗星也绕太阳公转，有的大约几十到几百年绕太阳一圈，有的绕太阳一圈需要长达数千年甚至数百万年。

那些定期回到太阳身边沿椭圆形轨道运行的彗星我们叫它们周期彗星，例如著名的哈雷彗星就是每隔大约76年在地球上空出现一次。

那些运行轨迹多为抛物线和双曲线的彗星，其运行是非周期性的，我们把它们叫非周期彗星。这些彗星不是太阳系的成员，它们只是来自太阳系之外的过客，无意中闯进了太阳系，而后又义无反顾地回到茫茫的宇宙深处。

彗星会撞击地球吗

小朋友，你会不会偶尔担心，彗星有一天会撞击地球呀？

彗星的主要成分是冰、尘埃和岩石。当彗星进入地球大气层时，高速运动压缩前方空气并产生剧烈摩擦，形成高温等离子体。彗核表面的冰物质会迅速升华气化，而尘埃和岩石可能因高温熔融或碎裂——大部分微小碎片会在落地前燃烧殆尽。但若彗核直径较大，可能撞击地表。不过，现代天文学技术已非常先进，科学家能够提前发现接近地球的彗星，人类也有足够的时间进行预警和采取应对措施。

因此，虽然彗星撞击地球的可能性存在，但由于多种因素的共同作用，发生这种情形的概率极低。而且，人类已经有先进的技术和足够的能力来应对这种潜在威胁。所以，我们不必过于担心彗星会撞向地球的问题哦！

太阳：任何生物都离不开它

人们常说，万物生长靠太阳。小朋友，那个看起来红红的火球到底是一个什么样子的天体呢？我们能坐飞船到太阳上去吗？你知道神秘的日食到底是怎么回事吗？呵呵，让我们一起去探索吧！

你知道太阳多大吗

太阳，这个璀璨的天体，不仅是太阳系的中心天体，更是距离地球最近的一颗恒星。它时刻不停地向宇宙播撒着无尽的能量，而那些默默无闻、不会自行发光发热的行星都依赖太阳来获取能量。正是因为有了太阳的存在，我们的地球才变得如此生机勃勃，美丽动人。

小朋友，你知道吗？太阳并不是我们眼中看到的那么小哦！实际上，太阳比地球要大得多，庞大得让人惊叹。太阳的直径是地球的109倍，体积为地球的130万倍，质量为地球的33万倍！这些数字是不是让你感到震惊呢？所以，当我们抬头仰望那炽热的太阳时，不妨想象一下它庞大的身躯，感受它无尽的能量与温暖吧！

太阳的大气层是什么样的呀

太阳的大气层是人类能观测到的太阳的部分，从里到外依次为：光球层、色球层和日冕层。

光球层是太阳大气的最底层。它发出的可见光最强，是用肉眼可以观测到的太阳表面。

色球层位于光球层之外。由于色球层发出的可见光总量不及光球层的千分之一，因此人们平常看不到它，只有在日全食时或者用特殊的望远镜才能看到。

日冕层是太阳大气的最外层，可以延伸到几个太阳半径，甚至更远。它的亮度仅为光球层的百万分之一，只有在日全食时或用特制的日冕仪才能用肉眼看见。

能坐上飞船去太阳吗

现在科学技术发展得这么快，人类不仅在太空中建实验室，还在20世纪就实现了载人登月的壮举。那么在未来，我们有可能登陆太阳吗？

小朋友，太阳离我们很远很远，它炽热的球体让我们的航天器很难接近。太阳内部的温度很高，表面温度也约有 6000 ℃，越靠近中心，温度越高。也就是说，我们所坐的飞船还没到达太阳表面，就会被它散发出来的热量摧毁了！

太阳脸上也有斑呀

在太阳的光球层上，有一块一块的黑暗斑点，就像是太阳脸上的斑点一样，人们把它们叫作太阳黑子。

太阳黑子温度比光球低，因此与光球相比成为暗淡的黑斑。人类注意到太阳黑子的历史久远，我国古代史书中就有关于太阳黑子的记载。人们发现太阳黑子数量具有周期性变化，有的年份多，有的年份少。太阳黑子的多少和大小，可以作为太阳活动强弱的标志。

太阳被咬了一口吗

在中国古代,有时候人们会看到太阳被一个黑暗的东西一点点地吞掉,先民很害怕,并且还有了出现这种天象必然有重大事情发生的说法。其实那是月亮运行到太阳和地球中间了,月亮虽然比太阳小得多,但因离地球很近,其视觉大小与太阳相近,所以能遮挡太阳光——就像用一片近处的叶子能挡住远处光源的光线一样,这样我们就看到这种奇异的现象——日食。

如果月亮完全遮住了太阳,那就是日全食;如

果只是遮住一部分，那就是日偏食。当然，有时候月亮并没有完全遮住太阳，只是遮住了太阳的中心部分，外围留下一圈光环，那就是日环食了！

日全食或日环食只能在一狭窄地带内看到，而日偏食可见于半影覆盖的广阔区域。每年至少发生两次日食，最多五次。

在日全食的过程中，当月球即将全部遮没日轮的瞬间，从黑暗的月球边缘突然出现一个或数个发光亮点，形似一串"珍珠"，持续时间短暂，只要月球继续移动一下，便立即消逝。其产生原因在于月球不是一个光滑的圆球，表面山峦起伏、崎岖不平。当月球即将把日轮全部遮没，或月球即将离开日轮的瞬间，月球边缘总有一个或数个山谷和凹地成为月轮的缺口，太阳光便穿过这些小缺口射向地球，形成一个或一串发光的亮点。由于这种亮点像一串珍珠，也为了纪念英国天文学家贝利为解释这种现象作出的贡献，故将这种奇景称"贝利珠"。

太阳风是什么风

太阳风,听起来好像是太阳上吹来的风,但实际上并非如此简单哦!在我们的生活里,风是由空气的流动形成的,而在太阳上,太阳风的形成则是因为太阳表面物质的流动。

当发生日全食这一神奇的天文现象时,太阳的最外层——日冕层的物质变得特别稀薄,并且向外剧烈地膨胀,导致大量粒子流挣脱太阳引力的束缚,于是就形成了我们所观察到的太阳风。

水星：太阳系里的"小不点儿"

水星是太阳系八颗行星之一，是太阳系中最小的行星。它的直径为地球的 38%，质量为地球的 5.5%。水星一会儿出现在太阳的左边，一会儿又出现在太阳的右边，你知道这是为什么吗？水星上面是一个怎样的世界呢？水星上有冰吗？带着这些问题，我们一起去探访一下这个"小不点儿"吧！

为什么说水星神出鬼没

古时候，中国人把水星叫作辰星。人们发现，它有时候会在太阳的东面，有时候又跑到太阳的西面，让人难以捉摸。

古代西方人误以为水星是两颗行星，便将在暮色中现身的命名为"墨丘利"，在晨曦中现身的称为"阿波罗"。后来人们才发现原来"墨丘利"和"阿波罗"是同一颗星，所以就去掉了一个名字，统称"墨丘利"了。

墨丘利是罗马神话中的商业神，即希腊神话中的赫耳墨斯。他是希腊神话中专门为众神传递信息的使者，头戴插有双翅的帽子，脚蹬飞行鞋，手握魔杖，行走如飞，多才多艺，神通广大。水星确实像墨丘利那样行动迅速，神出鬼没。作为太阳系中公转速度最快的行星，水星当之无愧地以"墨丘利"命名。

水星上是什么样子呢

目前，我们只能通过宇宙飞船发回的照片来对水星进行研究。

根据照片，科学家发现水星表面和月球表面很相近，它的上面也有像被撞击过的痕迹，很多大大小小的环形山，这些环形山都被起了名字，有十多个还是以中国人的名字命名的呢！在水星上既有平原，也有高山，甚至连悬崖峭壁都有！

水星也像地球一样被一层大气包裹着。然而由于水星离太阳最近，受太阳辐射烘烤暴晒最强，所以水星只有微量的大气，主要成分是氢、氦、氧、钠等，密度很低，且大气层非常稀薄。

水星上有冰吗

水星结构特殊，内部是一个巨大的铁镍内核，超过水星直径的2/3。其外壳由多孔土壤或类似月球表土的岩石粉末组成。经现代探测技术验证，水星外壳表层物质的基础成分实则为硅酸盐岩石。那么，离太阳最近的水星上会有冰吗？科学家通过研究给出了肯定的答案。

早在20世纪90年代，天文学家利用强大的地球雷达向水星发射信号，意外发现在水星的北极区域存在一些异常明亮的反射点。后来，科学家通过深入观察证实：水星两极某些环形山底部存在长期无法被阳光照射的区域，而那里藏着大量水冰。

为什么离太阳这么近的水星上还会有冰呢？这与它特殊的自转轴倾角有关——水星的自转轴几乎垂直于它的轨道平面，这使得其两极一些环形山底部成了"永久阴影区"。那里常年无法被阳光照射，温度低到了足以让水冰长期稳定存在的程度。

水星上有季节变化吗

作为距离太阳最近的行星，水星与太阳的平均距离为0.39天文单位，即5791万千米。其公转周期88天，自转周期为59天。水星由于自转与公转特殊的运动关系，其昼夜更替周期漫长，完成一昼夜更替的时间相当于地球上的176天！

水星由于自转与公转3∶2的轨道共振，其表面对着太阳的经度会随公转位置变化而改变。不过，水星因为几乎没有黄赤交角，因此不像地球因黄赤交角产生四季。水星的"季节"差异更可能来自椭圆轨道的离心率，但这种变化是全球性的冷热差异，而非地球上的四季更替。

还有一个奇妙的景象，由于水星的轨道是椭圆的，所以当它在近日点时看到的太阳比较大，在远日点时看到的太阳比较小。也就是说，在水星上不同位置看到太阳的大小不同。

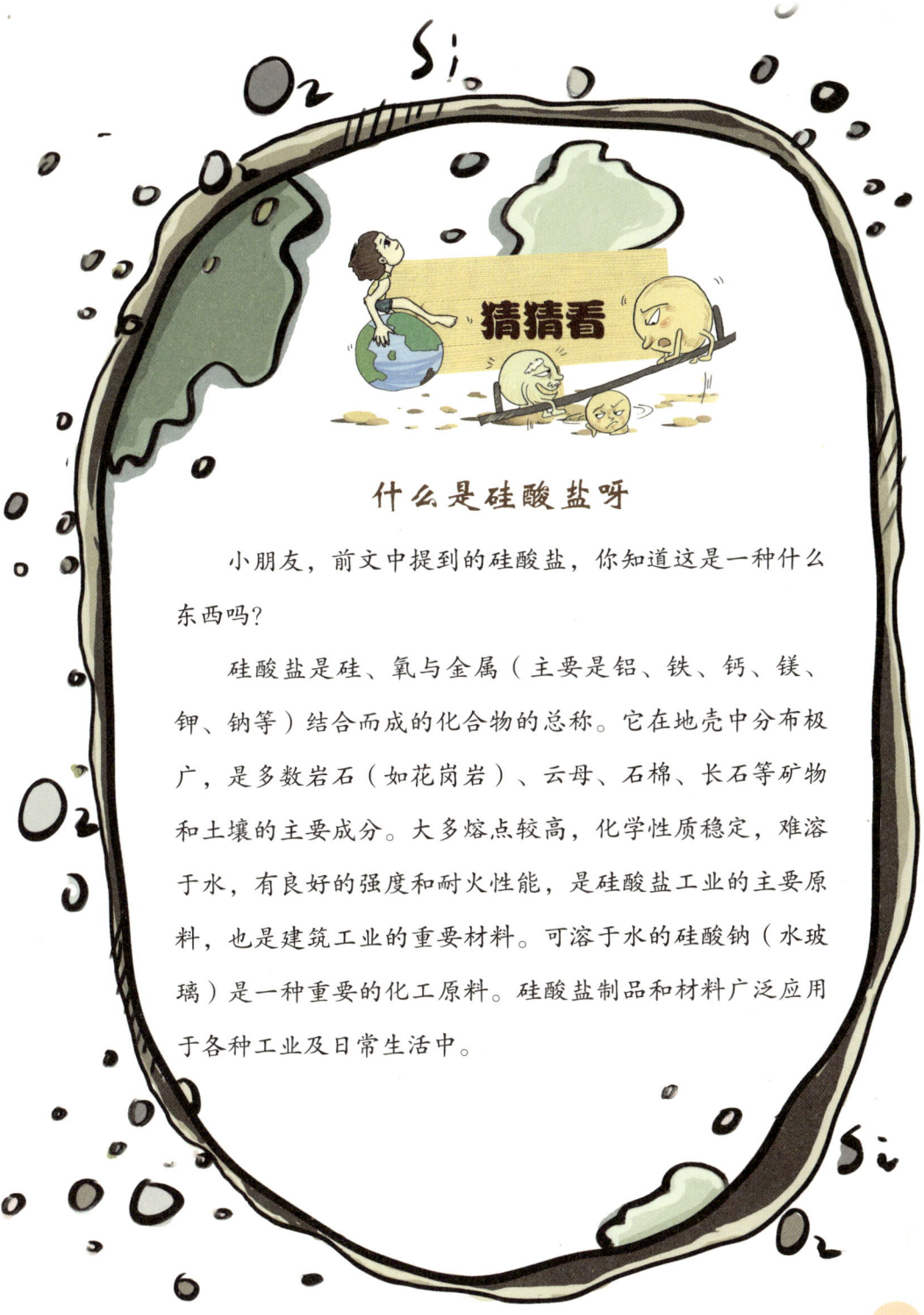

什么是硅酸盐呀

小朋友，前文中提到的硅酸盐，你知道这是一种什么东西吗？

硅酸盐是硅、氧与金属（主要是铝、铁、钙、镁、钾、钠等）结合而成的化合物的总称。它在地壳中分布极广，是多数岩石（如花岗岩）、云母、石棉、长石等矿物和土壤的主要成分。大多熔点较高，化学性质稳定，难溶于水，有良好的强度和耐火性能，是硅酸盐工业的主要原料，也是建筑工业的重要材料。可溶于水的硅酸钠（水玻璃）是一种重要的化工原料。硅酸盐制品和材料广泛应用于各种工业及日常生活中。

金星：夜空里的耀眼明珠

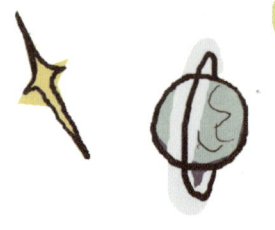

金星，也就是中国古人所说的太白星，它总是最先出现在夜空里，最后一个消失。人们都说它是地球的孪生姐妹，那你知道它到底长什么样吗？在金星上看太阳也会东升西落吗？那个著名的金星凌日又是什么呀？让我们一起了解一下这颗行星吧！

它是地球的孪生姐妹吗

金星在中国古代被叫作太白星或者太白金星。在黎明前，它出现在东方的夜空中，人们叫它"启明星"；在黄昏后，它又会出现在西方的天空中，人们叫它"长庚星"。

金星是一颗与地球相似的类地行星，其大小与地球相仿，直径比地球小5%，质量为地球的82%，密度为水的5.2倍。金星的表面温度约480 ℃，大气压力极高，是地球的90倍。因此，金星和地球是一对"貌合神离"的孪生姐妹。

金星上是什么样子

科学家利用金星探测器发现，金星上的地势比较平坦，但是也存在比较复杂的地貌。金星上有比青藏高原还大两倍的高原，有比珠穆朗玛峰还要高的山峰，更有一条贯通南北、穿过赤道的大峡谷，且是八大行星中最大的峡谷。

人们还发现，金星上有一些已经凝固的熔岩，这说明在金星上可能还有活动火山；金星上面的高原主要是玄武岩，含有大量的镁和钾，而且硫的含量也是地球上的几倍。

金星的大气成分主要是二氧化碳，太阳辐射所产生的热量只能反射出去很少的一部分，所以这个大气层就像是金星的棉被一样，把金星包在中间，导致金星表面的温度极高。这么高的温度，别说生命无法存在，就是许多金属也成了液体。

金星上太阳从哪边出来呢

在地球上，"太阳从东边升起"是普遍规律，人们常用"除非太阳西边出"形容不可能事件。但切勿以此与天文学家打赌——在宇宙中，行星自转特性可颠覆此认知。

在八大行星中，大多数行星是自西向东自转，太阳会从东边升起、西边落下。但是，金星却不一样，它的自转是自东向西的，所以在金星上，太阳就是每天从西边升起、东边落下的。

什么是金星凌日呀

金星运行到太阳和地球之间，恰巧三者排成一条直线时，从地球上可以观测到金星像一个小黑点慢慢穿过太阳表面，这种天象就是"金星凌日"。虽然人们用肉眼难以捕捉这一现象的细节，但通过高倍望远镜，金星的圆形轮廓还是能清晰地映入眼帘的。

观测金星时，千万不能直接用肉眼或普通的望远镜观测，而要用高倍望远镜，并戴上合适的滤光镜，同时观测时间也不宜过长，以免眼睛被强烈的光灼伤。

金星凌日是以两次凌日为一组，两次凌日间隔8年，但两组之间的间隔却长达100多年，因此金星凌日是百年难遇。最近两次凌日分别发生在2004年6月8日和2012年6月6日，那么根据规律预测，下一次金星凌日要到2117年才会发生。

为什么金星总是特别亮

金星是距离太阳第二近的行星（水星是距离太阳最近的行星），也是距离地球最近的一颗行星，金星反射的光线到达地球时仍保持着相当高的亮度。因此，金星在夜空中格外显眼，我们一眼便能捕捉到它的身影。更为神奇的是，在明亮的白天，我们也能偶尔瞥见这颗闪耀的行星。

金星的大气成分独特，其中二氧化碳的含量约占97%。更令人惊奇的是，其上空笼罩着一层厚达20—30千米的浓云。这层浓厚的云层不仅给金星增添了神秘的面纱，还具备强大的反射能力，将大部分太阳光反射回太空，使得金星在宇宙中熠熠生辉。

地球：
人类赖以生存的家园

小朋友，地球是我们共同的家园，是我们赖以生存的地方。地球到底是什么样子的呢？为什么地球上有生命？让我们一起来探索地球的奥秘，了解我们生活的地球吧！

人类居住的地方有多大呢

地球是太阳系八大行星之一，按照距离太阳由近及远的顺序排列为第三颗行星。地球的体积约 1.083×10^{12} 立方千米，赤道半径 6378 千米，极半径 6357 千米，面积约为 5.11×10^8 平方千米。

世界上第一个乘坐宇宙飞船进入太空的苏联宇航员加加林说，从太空看到的地球是一个蔚蓝色的美丽星球，它看上去更像一个"水球"。根据科学家的精确计算，地球的表面大约有 71% 被海洋所覆盖，而陆地的面积则仅仅占到了 29%，约为 1.48 亿平方千米。因此，我们可以概括地说，地球上七分是海洋，三分是陆地。这些广阔的海洋彼此相连，而陆地则被这些海洋分割成了许多大大小小的陆块。

小朋友，你知道吗？并不是所有的陆地上都有人类居住，地球上可供人类居住的面积仅占地球总面积的 16% 左右，约为 8000 万平方千米。

地球的结构是什么样的呀

地球从外到内可以分为三层，分别是地壳、地幔和地核。地壳是地球固体圈层最外面的一层，也是我们生活的地方，地壳的厚度并不均匀，有的地方很薄，只有几千米，而有的地方则很厚，可以达到几十千米。地幔在地壳以下，地核之上，可分为上地幔与下地幔，地幔物质总体上具有固态特征。地核则是地球的中心部分，温度可以达到几千摄氏度。

大气层是地球最外层的气体圈层。从结构上看，大气层分为不同的层次。对流层是最接近地球表面的一层，这里集中了大部分的水汽和杂质，也是天气现象发生的主要区域。平流层位于对流层之上，其中含有大量的臭氧，能够吸收紫外线，保护地球上的生物。中间层、热层和散逸层依次向上，随着高度的增加，大气越来越稀薄，温度等特性也发生着变化。大气层的作用十分广泛，如提供氧气、维持水循环、调节温度、保护地球等。

为什么地球上有生命

迄今为止，地球仍是太阳系内唯一确认存在生命的行星，同时也是唯一一颗可以直接观测到液态水的行星。

生物的进化是一个缓慢的过程，早期海洋植物出现后，释放出大量的氧气，氧分子在太阳紫外线的作用下生成臭氧，进而在大气层上层形成臭氧层。臭氧层有效阻挡了有害的太阳紫外线射向地面，为生命的繁衍与发展开辟了一片天地。然而，这只是地球能孕育生命的原因之一。

由于地球自转轴倾斜约 23.5°，当地球绕太阳公转时，不同地区在不同季节接收到的太阳光照不同，从而形成四季变化。当太阳直射点在赤道以北的时候，北半球就是夏天，南半球就是冬天；当太阳直射点在赤道以南的时候，南半球就是夏天，北半球就是冬天。而在春秋两季，太阳直射点在赤道附近，使得南北半球的温度相对适中，为生命活动提供了适宜的环境。

地球自转是指地球绕着地轴自西向东的旋转运动，地球自转一周的时间是24小时，也就是我们常说的一天。由于地球是一个不透明的球体，在任何时刻，太阳光都只能照亮地球的一半，被太阳照亮的半球是昼半球；未被太阳照亮的半球是夜半球。

随着地球自西向东不停地自转，白昼与黑夜不断更替，自东方迎来黎明的曙光，从西方送走黄昏的落日，这种稳定的昼夜交替为生命活动提供了必要的节奏，使得生命能够在适宜的时间尺度内进行新陈代谢和休息。此外，地球自转还形成了地转偏向力，对大气环流和洋流的形成起着重要作用，进一步调节了不同地区的气候，维持了生态平衡。

更重要的是，地球与太阳的距离恰到好处。如果离太阳太近，地球就会过热，导致水变成水蒸气，生命就无法生存；如果离太阳太远，地球就会过冷，水会结冰，生命同样无法生存。正是地球与太阳之间适中的距离，使得地球上的温度非常适宜，水能以液态的形式存在，满足了生命的基本需求。

综上所述，地球之所以能孕育生命，是一个复杂而精妙的过程，涉及大气层、地球自转、地球公转、温度等多个方面。

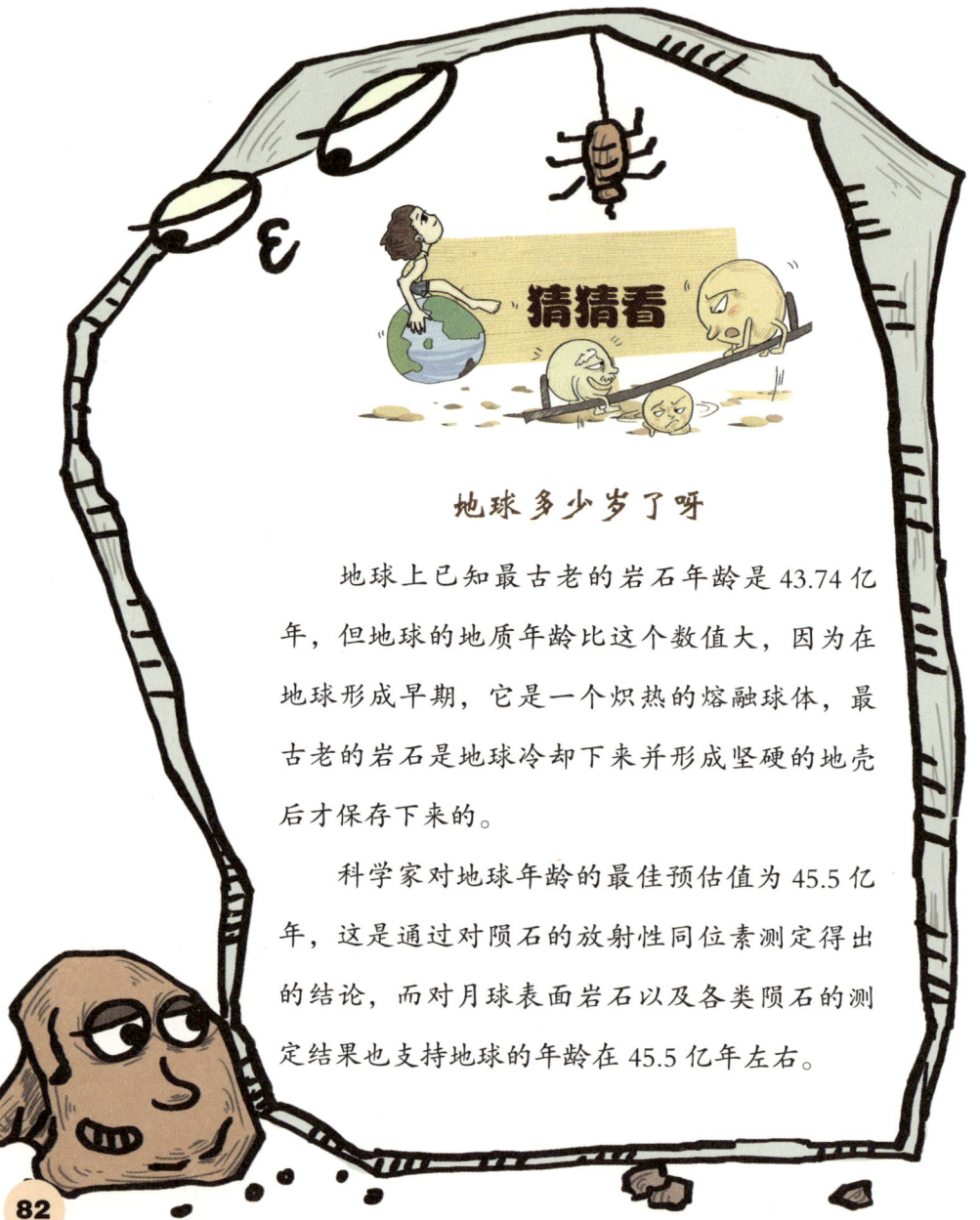

地球多少岁了呀

地球上已知最古老的岩石年龄是 43.74 亿年，但地球的地质年龄比这个数值大，因为在地球形成早期，它是一个炽热的熔融球体，最古老的岩石是地球冷却下来并形成坚硬的地壳后才保存下来的。

科学家对地球年龄的最佳预估值为 45.5 亿年，这是通过对陨石的放射性同位素测定得出的结论，而对月球表面岩石以及各类陨石的测定结果也支持地球的年龄在 45.5 亿年左右。

火星：浑身上下火红火红的

火星是我们地球的好邻居。火星上是什么样子呀？为什么火星是红色的呢？火星为什么忽明忽暗呢？今天，就让我们一起探索火星的奥秘吧！

火星上是什么样子呀

　　火星，地球的亲密邻居，与地球有着诸多相似之处。如同样经历四季的更迭，但其一年相当于地球上的 687 天，火星上每个季节的长度约为地球上的两倍。由于火星比地球距离太阳更远，接收的太阳辐射更少，所以火星上的每个季节都比地球上更为寒冷。

　　火星是一个极其不宜居的地方，这里天气异常，其表面温度在赤道上白昼高，可达 28 ℃，夜间降至 −132 ℃。广袤的沙漠蔓延无垠，丘陵与洼地此起彼伏，形态各异的石块散落其间，仿佛在诉说着火

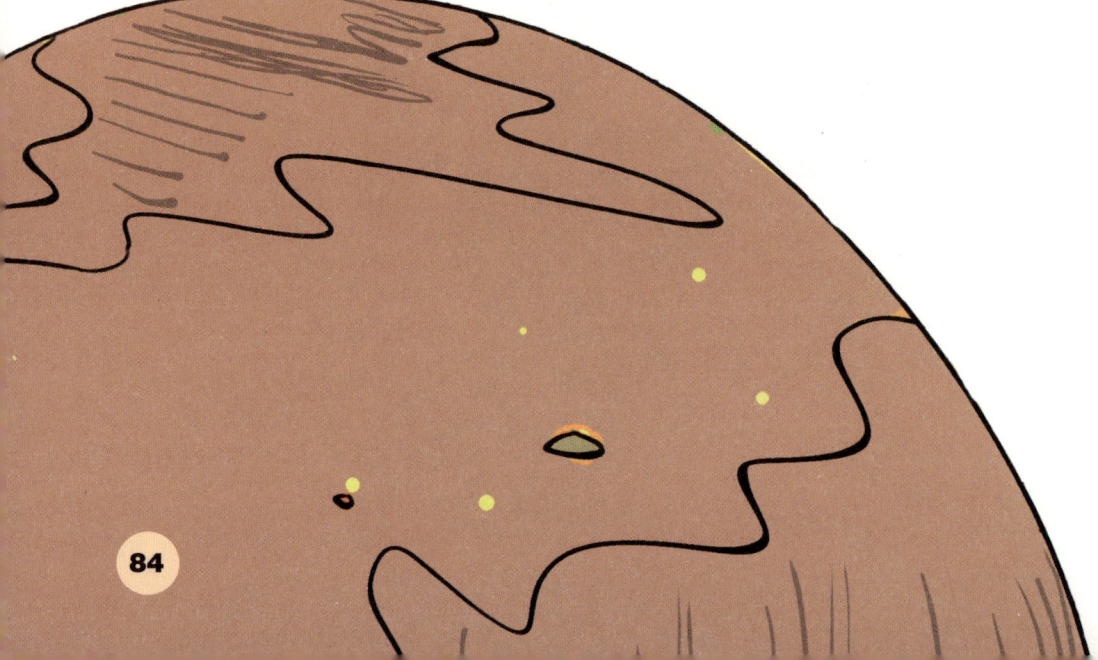

星那古老而神秘的过往。此外，火星上还分布着许多壮观的大峡谷、巍峨的大火山与深邃的坑洞，这些地形地貌相互交织，共同勾勒出了一个独特且神秘的红色世界。

为什么火星是红色的

火星，这颗被人类长久观察的红色星球，总是能引发人们无尽的遐想。当我们抬头望向夜空，那颗火红色的星星便是火星，它之所以被命名为"火星"，正是因为它那独特的火红颜色。然而，这红色的来源并不是因为火星上真的着了火哦，而是有着深层的科学原因。

火星之所以看起来红彤彤的，是其表面物质反射太阳光的结果。火星表面的岩石里含有不少铁质成分，当这些岩石在风化作用下变成沙尘时，其中的铁质会被氧化，形成红色的氧化铁。又因为火星表面非常干燥，没有液态水的存在，火星上的沙尘在风的带动下，很容易四处飘散，使得火星表面几乎到处都覆盖着厚厚的氧化铁沙尘。这样一来，在太阳光的照射下，火星表面就呈现出红色啦！

火星为什么忽明忽暗呢

火星，这颗充满神秘色彩的红色星球，在人类历史长河中占据着重要地位。除广为人知的"火星"称谓外，古人还赋予它"荧惑"这一别名。此名源于火星在天空中展现出的独特亮度变化——时而明亮耀眼，时而暗淡朦胧。

当火星运行至与地球距离较近的位置时，其亮度甚至能够远超夜空中最亮的恒星——天狼星，璀璨光芒令人惊叹。然而，火星的亮度并非恒定不变的。随着地球与火星在各自公转轨道上持续运行，二者间距不断变化，由此导致火星亮度发生显著的明暗起伏。

在古代，人们常将这种明暗波动视为神秘的预兆或信号，故而将火星命名为"荧惑"，取其如荧荧之火般明灭不定、令人困惑之意。

火星上会刮风吗

你知道火星的"土特产"是什么吗？答案是超—级—大—沙尘暴！火星上刮风，可比地球厉害多啦！火星上一旦刮起风来，那可要足足持续3个多月呢，几乎占据整个火星全年四分之一的时间。这种风暴强度远超地球上的12级台风。

平时，火星是颗遍布沙丘砾石的红色沙漠星球，可一旦沙尘暴来袭，火星的大部分笼罩在沙尘暴之中，就像一个暗红色的巨型灯笼，上演着宇宙间最震撼的自然奇观。

火星上有液态水吗

随着火星探测技术的不断发展，越来越多的证据浮出水面，支持火星曾经有液态水的猜想。火星的过往并非一片干旱，甚至可能存在宽广的大湖和辽阔的海洋等。

根据欧洲空间局"火星快车"探测器的雷达探测数据，科学家发现火星的两极和中纬度地区的地表之下蕴藏着大量水冰，这是火星水资源的重要储存形式之一。而"凤凰号"着陆器更是直接证实了火星表土中水冰的存在。更令人振奋的是，"好奇号"火星探测器在火星土壤中检测到以化学形式结合的水分子，表明火星表面物质中广泛存在水的痕迹。这些发现为研究火星水循环提供了关键证据，但未来若想将其转化为可利用的水资源，仍需突破复杂的技术挑战。火星的水资源之谜正在被逐渐揭开，我们期待着更多关于这颗红色星球的惊人发现。

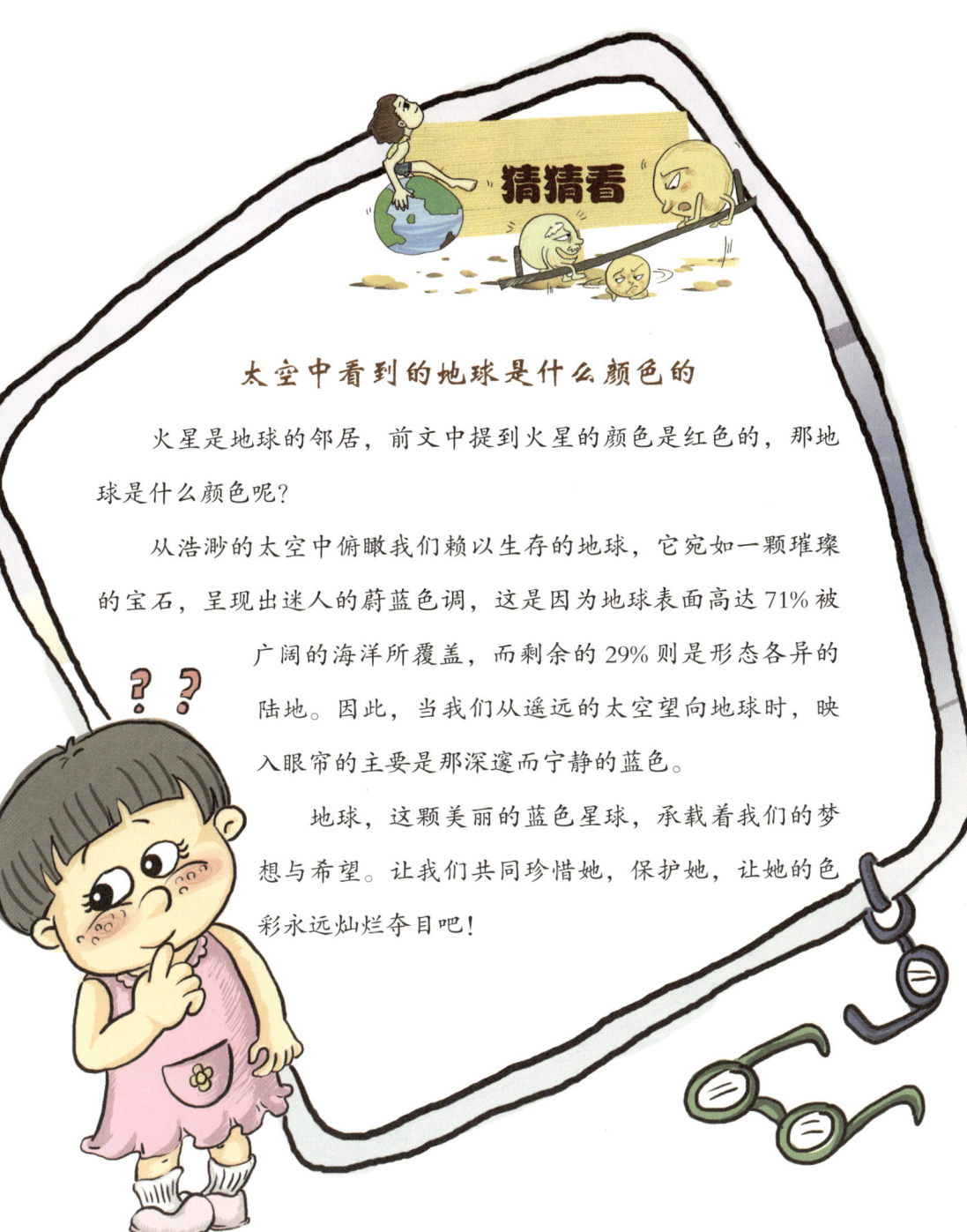

太空中看到的地球是什么颜色的

火星是地球的邻居，前文中提到火星的颜色是红色的，那地球是什么颜色呢？

从浩渺的太空中俯瞰我们赖以生存的地球，它宛如一颗璀璨的宝石，呈现出迷人的蔚蓝色调，这是因为地球表面高达71%被广阔的海洋所覆盖，而剩余的29%则是形态各异的陆地。因此，当我们从遥远的太空望向地球时，映入眼帘的主要是那深邃而宁静的蓝色。

地球，这颗美丽的蓝色星球，承载着我们的梦想与希望。让我们共同珍惜她，保护她，让她的色彩永远灿烂夺目吧！

木星：太阳系里最显眼的"巨人"

在中国古代，有一颗被叫作岁星的星星，它绕太阳转一圈要 12 年的时间，它是八大行星中最大的一颗星，你知道它是谁吗？对！它就是木星。你知道它到底有多大吗？它的上面是什么样子？那绚丽的云彩和大红斑是怎么回事？带着这些问题，让我们一起走进木星的世界吧！

木星有多大

木星是太阳系里最大的行星,作为巨行星的代表,其体积与质量都非常的大。

木星是太阳系中当之无愧的"巨无霸",木星的体积和质量比其他七大行星的总和还大。这颗气态行星的赤道直径为地球的11.18倍,质量为地球的317.89倍,密度为水的1.3倍。

木星凭借其巨大的体积和质量,在太阳系中独树一帜,成了一颗真正意义上的"巨人"行星。

木星上面是什么样子呀

木星是一个气态巨行星,也就是说,它没有可以明确界定的固体表面,我们看到的木星,只是它的大气层的顶端,而不是它的内部。

根据探测,木星可能有一个岩石质的内核,其中心部分是个固体核,主要由铁和硅组成。

木星表面有红、褐、白等颜色的条纹图案,像一道道木纹一样，是如何形成的呢？

　　木星快速地围绕自己的轴心旋转，但其表面浓密的大气跟不上节奏，自转产生的巨大的离心力把大气分为平行的云带，尤其是在木星赤道附近，这些明暗相间的云带看起来就像是一道道的木纹了。

木星上的红斑是什么

　　在浩瀚的太阳系中，木星南半球那抹醒目的卵形红色斑状物——木星大红斑，令无数天文学家着

迷。随着人类航天技术的飞跃，20世纪70年代初期，美国先后发射"先驱者10号"和"旅行者1号"探测器对木星大红斑作深入探测。科学家发现，它的颜色和亮度时有变化，但大小和形状却基本不变。

多数人认为大红斑是一个巨大的椭圆形旋涡，其根基深，可能在对流层以逆时针方向在木星上空转动。由于将木星深层物质翻上，它们在太阳紫外光照射下呈褐红色。木星大红斑寿命可维持几百年或更长。

木星上也有云彩吗

木星是太阳系八大行星中体积最大、自转最快的行星，也是从内向外的第五颗行星。木星上是有云的，这些木星云绚丽多彩。在探测器拍摄的照片上，可以看到木星大气中有明暗相间平行于赤道的云带，温度约 $-140℃$，大红斑就是嵌在云带内的云团。

木星也有卫星吗

八大行星中，除了金星、水星没有卫星外，其他的行星都是有卫星的，例如我们的地球，就有一颗卫星——月球。

木星的四颗天然卫星（即木卫一、二、三和四），于1610年由伽利略发现。其中木卫一最引人注目，呈球形，表面光滑而干燥，有平原和山脉、大气和活火山；木卫二表面被冰覆盖，未发现大气，但有稀薄的氧气层，可能有海洋；木卫三有电离层和磁场；木卫四有盆地地形。1980年，中国天文学家考证，早于公元前4世纪，战国时期天文学家甘德就已用肉眼发现木卫三。

按与木星距离，木卫十六最近，平均距离12.8万千米；木卫九最远，平均距离2367万千米。按体积和质量，木卫三最大，直径约5260千米，质量为月球的两倍。木卫八、九、十一、十二和2002年发现的11颗卫星绕木星运行时都与木星自转方向相反。

木星冲日是什么呀

金星有凌日现象,同样,木星也有与地球、太阳排成一条直线的时刻。但与金星凌日不同,木星是每过1年零34天,它就会在傍晚时分从东南地平线上冉冉升起,其亮度仅次于金星,璀璨夺目,整夜都可见其身影。这一壮丽的天文现象,天文学上称之为"木星冲日"。

每当木星冲日之时,我们只需抬头仰望晴朗的夜空,用肉眼便能捕捉到这颗巨行星的辉煌。而若借助天文望远镜,更可一窥木星那迷人的表面花纹,以及围绕在其旁边的4颗明亮卫星。这不仅是一次视觉的盛宴,更是对宇宙奥秘的一次探索。

土星：我其实就是个"大气团"

太阳系中有一颗美丽的星星，它橘色的表面，漂浮的彩云，再加上赤道面上那发出柔和光辉的光环，就像一个戴着大大遮阳帽的漂亮女孩子一样！这颗美丽的星星就是离太阳第六远的土星，让我们一起走进这颗美丽的星星，去探寻它的秘密吧！

土星长什么样

土星,中国古代亦称"填星""镇星"。土星是太阳系八颗行星之一,按照距离太阳由近及远的次序为第六颗。土星的大小仅次于木星,而且它们有很多相似的地方。土星的赤道直径为地球的9.42倍,质量约为地球的95.2倍,密度只有水的70%。土星的公转周期为29.46年,自转周期为10小时14分,形状很扁。土星表面的云雾带比木星的更规则,但不显著。

正如水星没有水，土星也没有土，土星的大气层很厚，主要成分是甲烷和少量的氨。

土星也有磁场吗

土星有磁场（强度为地球的1000倍）和辐射带。土星的磁场像一头鲸，头部圆钝，尾巴粗壮，磁场的磁轴与自转轴几乎重合，而且在旋转的时候会发出电磁波，未来人们或许还可以通过这些电磁波来探测土星的运动呢！

为什么土星上有光环

土星的光环是沿土星赤道面围绕土星运行的环状物，有七环。早在1610年伽利略已观测到土星的光环。最初分外环、中环和内环。1969年发现第四环（最内环）。第五、六、七环于1979年和1980年先后发现。每环厚度10—50米，最厚不超过150米。总质量约等于土星质量的一千万分之一。土星环中有环，有的不对称，有些相互扭结。它由无数大小不等、直径几微米到几米的颗粒（粒子、烁石或冰块）组成，而且疏密不一，颜色有深有浅。这些颗粒像走马灯似的围绕着土星转圈圈。此外，土星环中还有卡西尼环缝和恩克环缝。科学家推断，如此奇妙的土星光环，是由一颗非常接近土星的卫星破碎后形成的。

为什么土星光环有时会消失

土星的自转轴与公转轨道平面之间有一个倾角，

土星的光环与赤道平面是平行的。随着土星在轨道上运行，阳光照射光环的角度和我们观察光环的角度都在变化。因此，我们有时能看到光环被阳光充分照亮的一面，有时则只能看到其边缘或较暗的一面。当土星运行到不同位置时，我们的视线与土星光环平面所构成的角度不同。大约每15年（对应土星公转周期的一半），土星光环侧面朝向地球。这时，我们只能看到光环极其薄弱的边缘。由于光环本身非常薄，再加上土星距离地球十分遥远，我们在这个时期几乎无法看清其壮观的结构，整个光环仿佛"消失"了一般。

密度是什么

小朋友，你知道什么是密度吗？密度就是物质的质量除以它的体积，简单来说，就是单位体积里物质的质量。例如，我们拿一个小盒子装满清水，称一称它的质量，然后，我们把水倒掉，换成果汁再称，你会发现果汁比水重，这就说明果汁的密度比水大。

生活中，我们也经常看到油浮在水面上，木头也能漂在水上，但铁块就会沉下去，这都是因为它们的密度不同。油和木头的密度比水小，所以能浮起来；而铁块的密度比水大，就会沉下去。

前文中提到土星的密度只有水的70%，也就是说，如果把土星放在足够大的水域里，它能"浮"在水面上。这虽然是个很神奇的想象，但在宇宙中，这样的奇妙现象是可能存在的哦！

天王星：
长时间的极昼极夜

　　天王星绕太阳公转一圈大约需要84地球年，人类正常寿命在70—100岁，一个人如果生活在天王星上，从出生到生命结束，其生命跨度将覆盖天王星上的一个完整季节周期。如此有个性的蓝色冰巨星，让我们一起去探索吧！

天王星的结构

天王星为太阳系八大行星之一，是太阳系由内向外的第七颗行星，其体积在太阳系中排名第三（比海王星大），质量排名第四（比海王星小）。天王星的结构从内到外大致可分为核心、幔层和大气层三部分。

天王星的核心主要由岩石和冰构成，其中冰的成分可能包括水冰、甲烷冰、氨冰等，这些物质相互混合，形成较为致密的核心结构。

天王星的幔层由冰和岩石的混合物组成，其中含有丰富的氨冰和甲烷等物质，在行星内部的高压和高温环境下，这些物质处于一种特殊的状态，既不是完全的固态，也不是纯粹的液态，而是具有类似流体的性质。

天王星大气层主要由氢、氦、甲烷以及少量可以探测到的碳氢化合物组成，其中氢和氦是最主要的成分，在天王星的大气层中占据了较大的比例，使得天王星在整体上呈现出气态行星的特征；甲烷的含量相对较少，但对天王星的外观和大气特性产生了重要影响。从太空中望去，天王星呈现出淡雅的蓝绿色，就像一颗巨大的蓝宝石，散发着宁静而迷人的光芒，这一独特的色彩正是源于其大气层中的甲烷选择性吸收太阳光中的红光成分，同时反射蓝绿光波段。

持续性白昼或黑夜

天王星的季节变化极为独特，会有长达 42 年的

连续极昼或极夜现象。这是因为天王星的自转轴倾斜角度高达98°，几乎是横躺着绕太阳公转。其他行星如金星、火星等的自转轴虽然也有一定的倾斜，但因倾角相对较小，都没有像天王星这样极端的长时间持续性极昼或极夜现象。

这样的现象也与天王星的公转周期有关。天王

星绕太阳公转一圈是 84 地球年，也就是说，天王星的 1 年相当于地球上的 84 年。如果在天王星生活 1 年，我们人类几乎就过完了一生。

天王星是拥有最多卫星的行星吗

天王星不是拥有最多卫星的行星，土星才是目前太阳系中拥有卫星数量最多的行星。目前，已发现天王星的卫星有 27 颗，其中最大的卫星是天卫三。

天卫三，也被称为泰坦妮亚，是 1787 年英国天文学家威廉·赫歇尔发现的。天卫三表面呈现出相对较暗且略带红色的特征。科学家根据观测数据推断，这一外观是陨石撞击与卫星自身地质活动（内源性）相互作用的结果。天卫三的表面特征独特，科学家已经辨识出三类显著的地质构造：撞击坑、峡谷、悬崖。

什么是人造卫星

行星围绕恒星运转,具有较大的质量和体积;天然卫星围绕行星运转,比行星小且依赖行星;人造卫星是人类制造的围绕地球或其他天体运转的物体,具有特定的功能并受人类控制。

中国于 1970 年 4 月 24 日成功发射了第一颗人造地球卫星——"东方红一号",并由"长征一号"运载火箭送入近地点 441 千米、远地点 2368 千米、倾角 68.44°的椭圆轨道。"东方红一号"的成功发射标志着中国成为世界上第五个用自制火箭发射国产卫星的国家,开创了中国航天事业的新纪元,具有极其重要的历史意义。

海王星：距离太阳最远的冰冷使者

海王星和天王星像一对孪生兄弟一样，但是它们也有很多的不同。人们总把海王星叫作"笔尖上的行星"，你知道这是为什么吗？海王星长什么样子？它有没有美丽的光环呢？带着这些疑问，让我们一起去探索海王星吧！

为什么是"笔尖上的行星"

在发现天王星不久,人们在天王星之外又发现了离太阳第八远的海王星,它也是太阳系八大行星中距离太阳最远的行星。它有一个奇特的名字"笔尖上的行星",这是为什么呢?它很小吗?

海王星和天王星的体积差不多大,但是质量却比天王星大,所以绝对不是因为小才与笔尖有联系的。

那是为什么呢?原来伽利略最初观测并描绘出了海王星,但是他却误以为那是外星系的一颗恒星,所以未进一步探究。随着科学的进步,天王星的发现引起了天文学界的广泛关注,其运动轨道的异常偏离促使科学家大胆设想,可能存在另一颗未知行星在干扰天王星的运动轨迹。正是基于这一设想，英国与法国的天文学者，通过精密的计算，成功预测了新行星的运行轨道。随后，经过不懈的观测与验证，海王星终于被人类发现。因此，海王星被誉为"笔尖上的行星"，这一称号不仅彰显了科学计算的力量，也为了铭记科学家不懈探索的精神。

海王星长什么样子

海王星是太阳系中已知距离太阳最遥远的行星。其公转周期为164.79年，自转周期为16.11小时。海王星的赤道直径为地球的3.88倍，质量为地

球的 17.15 倍，密度为水的 1.64 倍。其与太阳平均距离为 30.07 天文单位，由于这一遥远的距离，太阳辐射到海王星的光线变得极为微弱，导致该星球表面温度极低。

海王星的外部呈现出迷人的蓝色，是因为其大气层中所含的甲烷吸收了太阳光中的红光，从而使得反射出的光线以蓝光和绿光为主，赋予了海王星这抹神秘的蓝色。

海王星的风暴是太阳系中最为猛烈的，它的风速很快，在眨眼间就足以把一辆汽车吹得无影无踪，这也展现了这颗遥远行星上极端而震撼的自然力量。

海王星有没有光环

在浩瀚宇宙的探索征程中，1989 年 8 月 24 日，"旅行者 2 号"探测器与海王星会合时，发现这颗散发着迷人幽蓝光芒的海王星，周围环绕着 5 条独特的光环。然而，这些光环的模样并不张扬夺目，而是十分暗淡。其中，内侧的3条光环相对完整，却犹如笼罩在薄雾之中，轮廓模糊，给人一种朦胧的神秘感；外侧的光环虽然相对明亮一些，却如同被岁月啃噬过一般，残缺不全，难以窥见其完整的面貌。

海王星虽然与木星一样，都拥有属于自己的光环系统，但相较之下，海王星的光环显得尤为暗淡。在宇宙的时光长河中，这些光环似乎已步入"暮年"，部分光环正在经历着逐渐消逝的过程，也令人不禁感叹宇宙的奇妙与无常。

海王星有几颗卫星

海王星的卫星统称为海卫。截至目前，科学家们已经探测到海王星拥有14颗卫星。在这些卫星中，海卫一显得尤为特殊，其直径略小于月球，是太阳系中少数几颗拥有大气的卫星之一。

1989年，当"旅行者2号"探测器飞越海王星附近时，捕捉到了海卫一令人震惊的细节，这颗卫星几乎展现出了行星的所有特征：拥有丰富多变的

天气现象，其地貌和内部结构也类似于行星。更令人惊叹的是，海卫一的极冠比火星的极冠还要庞大。探测器已探测到海卫一上有火山活动，并不时喷发出岩浆和气体，这一现象进一步证明了其地质活动的活跃性。此外，海卫一还拥有只有行星才具备的磁场，这一发现再次证明了海卫一在卫星中的独特性。

这些科学发现不仅揭示了海卫一作为卫星的独特之处，也为我们了解太阳系中行星和卫星的形成、演化提供了宝贵的线索。随着科技的不断进步，我们期待未来能够发现更多关于海卫一乃至整个海王星系统的奥秘。

伽利略是谁

前文中提到,伽利略最初观测到了海王星,然而遗憾的是,他当时误以为它是一颗恒星,从而错过了这一重大发现。那么,伽利略究竟是谁呢?

小朋友,你可一定要认识这位了不起的人物哦!伽利略是一位来自意大利的伟大的物理学家、数学家、天文学家和哲学家,他的成就和贡献在科学领域里可谓是举世瞩目,如他改进了望远镜,用它来观察宇宙,让人类能看到更远的世界;他发现了摆的运动规律;他发明了温度计和军事罗盘……他被誉为"现代观测天文学之父""现代物理学之父""科学之父"。

小朋友,如果你对科学感兴趣,那么一定要牢牢记住伽利略这个名字哦!他的故事和成就,将会是你在科学探索道路上的重要指引,激励你不断追求真理,探索未知的世界。

小测试

1. 谁是太阳系最显眼的"巨人"?
    ① 火星　　② 水星
    ③ 木星　　④ 海王星

2. 谁是银河系"最懂事的孩子"?
    ① 行星　　② 恒星
    ③ 卫星　　④ 白矮星

3. "笔尖上的行星"指的是哪个行星?
    ① 金星　　② 木星
    ③ 火星　　④ 海王星